成功的
七大
精神法则

如何轻松获得财富、爱、自由与幸福

[美]迪帕克·乔普拉 著

王鹏程 译

林帝浣 摄影

本书精髓源于迪帕克·乔普拉1993年出版的《创造丰盛：万有领域的财富意识》一书。

你是内心渴望的产物。
渴望决定意愿，
意愿决定行动，
行动决定命运。

——《奥义书》IV. 4.5

序言

精神世界的丰盈，将带来世俗意义上的成功

如何判断一本书是不是好书？

作为一名写过五本书的作者，以及翻译过五本书的译者，我分享过这样的观点：第一，书的内容确实过硬；第二，书在你生命中出现得恰逢其时。

2000年我初入职场时，遇到一本好书，《高效能人士的七个习惯》。当时我正在思索，怎样才能在职场表现出色，获得成功，而这本书给了我很多有益的指引，让积极主动、要事第一、双赢

思维等概念深入我的骨髓，帮助我一步一个脚印，不断进取，在职场如鱼得水，风生水起。

有件事情，我印象特别深刻。

2004年的时候，我担任质量主管，负责公司的ISO9000质量体系。工作表现挺好，但我不喜欢这份工作，因为总要去检查各个部门的工作流程，发现不到位的地方，就开出不合格报告，追在别人屁股后面监督改进措施，很违背我的个性。

思索很久，我想转去人力资源部门，做培训。

半年后，人事部门有同事辞职，我第一时间跑去公司副总的办公室，申请调到人事部门工作。一周后，在副总的极力推荐下，我成功转过去，成为培训主管，完成了职业转型。

在转岗谈话中，副总问我："鹏程，有好几个同事'觊觎'人事这个位置，你知道为什么你会成功吗？"

我问："为什么？"

副总说："第一，你过往做质量主管，表现优异,我们有理由相信,你做培训主管,也能干好。第二,你找到我清楚地表达了自己的想法,但没像其他人那样,削尖脑袋往里钻,到处托人找关系,一定要达到目的。你表达了,但没那么执着。第三,当你说要去做培训的时候,你充满渴望,眼睛里是有光的。你说给你几年时间,你一定会在培训方面做出成绩,比做质量主管影响到更多的人。这份热忱和精神,感染了我。"

那时候,我还年轻,凭着一腔热血去追逐理想,不太懂所谓的热忱、渴望,以及和它们看似矛盾的不执着等精神力量。

直到翻译这本《成功的七大精神法则》,我遇到的又一本好书,我才深入理解了副总的话。

以前担任质量主管做得好,让别人相信,我做培训主管也能做得好,这是**因果**法则。

表达自己的想法,但不纠结于最终会怎么样,这符合本书谈及的**不执着**法则。

充满渴望,眼里有光,符合**纯粹潜能(真我)**

法则和意愿法则。发自心底的追求，会感染到周围的人，让他们更愿意帮你达成目标。这就是所谓的"如果你知道要去哪里，全世界都会为你助力"。

如今，我选择成为一名专业培训师，写作、翻译图书，还收了800多名弟子，偶尔会分身乏术，略显疲惫，但这是我想要的生活。我想通过讲课、写作和辅导，影响更多的人使之过上他们想要的生活。这符合使命法则。

我似乎没怎么用力，讲课就会获得好评，带弟子成就斐然。中国"我是好讲师"大赛，2017年至2020年，连续四届的总冠军都是我的弟子。做自己感兴趣并擅长的事情，就能得心应手，这符合最省力法则。

这两年，新冠病毒肆虐，培训行业受到重创。因为不能线下聚集授课，大量培训师收入锐减。而我几乎没受影响。因为我这些年不计回报，用心培养弟子，弟子们也经常请我去他们所在的公司讲课，或者把我推荐给朋友，使得我能保证基本的讲课量。爱出者爱返，福往者福来，这符合**给予法则**。

《高效能人士的七个习惯》一书，可以教我们更好地做事；而《成功的七大精神法则》这本书，可以让我们了解做事背后的精神力量。

精神世界的丰盈，将带来世俗意义上的更大成功。

在阅读本书时，我有一个建议给各位读者，那就是了解这些精神法则的前提后，付之于行动。

正如本书开篇引用的《奥义书》这段话所言：

> 你是内心渴望的产物。
> 渴望决定意愿，
> 意愿决定行动，
> 行动决定命运。

唯有行动，才能真正决定我们的命运。这和

王阳明说的"知行合一"是一个道理。

前几年,《秘密》一书很受欢迎,里面提到了一个概念"吸引力法则"。你想要什么,就拼命地想,用心地去想,宇宙就会感应,就会给你什么。

一个周六的晚上,我和几个朋友吃完饭,从饭店出来在路边打车。

大雨滂沱,车很难打。

我跟朋友们说:"别担心,我最近学了个吸引力法则,只要心中足够想,宇宙就会帮你实现。我来发功,祈祷一下,就会来车的。"

然后我装腔作势,双手合十,口中默念:"来车——来车。"

你猜怎么着?真的就过来了一辆出租车。

几个人钻进出租车之后,我炫耀:"怎么样,吸引力法则好用吧?我说来车,就来车了。"

一个朋友不屑地说:"那你刚才咋不发功说,来个直升机,来个直升机呢?"

哈哈哈。

吸引力法则有效的前提是，我积极正向地想，这种想法会引发后面的行动，行动才会带来结果。

如果消极地看待事情，就会裹足不前，不想去干，不想去解决问题，那自然就不能达成目标。

我们能等来出租车，是行动、等待的结果，而不是意念、空想的力量。

了解了宇宙运行的法则，知道该怎么看待工作，怎么看待这个世界，才符合宇宙运行的规律，然后，付诸行动，方能达成结果。

谢谢你翻开这本我用心翻译的书。

让我们做一个，知行合一的人！

王鹏程

致谢

我想对以下人员表达爱意和感谢：

珍妮特·米尔斯，从构思到完稿，你热心参与了本书的全部流程。

瑞塔·乔普拉、玛丽卡·乔普拉、盖特玛·乔普拉，你们是践行七大精神法则的典范。

雷·钱伯斯、盖洛·露丝、阿德里安娜·尼恩、戴维·西蒙、乔治·哈里斯、奥利弗·海耶斯、诺米·基德、迪米·摩尔和爱丽丝·沃顿，你们鼓励我去过美好、高尚的生活，去实现鼓舞和启迪众生的愿景。

罗杰·加百利、布朗特·贝尔瓦、露丝·博诺墨菲，以及我夏普身心医疗中心（Sharp Center fo Mind-Body Medicine）的所有员工，你们始终激励着我们的来访者和患者。

迪帕克·辛加、吉特·辛加，以及我量子出版社（Quantum Publications）的全体员工，你们能量无限，全情付出。

理查德·皮尔，谢谢你活出真我。

爱丽尔·福特，你以坚定的信念、深具感染性的热情和奉献精神，改变了如此多人。

以及比尔·埃尔克斯，感谢你的理解和友谊。

前言

本书定名《成功的七大精神法则》，但也可称为《人生的七大精神法则》，因为自然造化万物，我们所见、所听、所闻、所品、所触的一切物质，原理大致相通。

在《创造丰盛：万有领域的财富意识》一书中，我已经描述了通往财富的步骤，它们的基础就是理解自然如何运作。《成功的七大精神法则》抽取了其中的精华，如果能将这些领悟融入你的意识，你将获得轻松创造无限财富、在每件事情中体验成功的能力。

成功的人生，可以定义为幸福的不断拓展和有价值目标的持续实现。成功也是轻松实现愿望的一种能力。但是它，包括创造财富，往往被视为一个艰辛的过程，并且还以牺牲他人为代价。

我们需要更具灵性的方式实现成功和富足,让美好的事情不断发生。掌握和践行精神法则,可以让我们与自然和谐相处,并在实现成功的过程中,体会到无忧无虑的爱与快乐。

成功有很多面,物质只是其中一部分。成功是一段旅程,不是一个终点。物质的富有,以及它的各种表现形式,不过是让这段旅程更愉悦的手段之一。成功还包括健康的身体、富有活力和热情的生命、圆融的关系、创造的自由、稳定的情绪和心理状态、幸福感和内在的平和。

即使体验了以上种种,如果内心不培育神圣的种子,我们也是不圆满的。事实上,我们只是假装圆满,内心尚处胚胎的神性,需要在世间更完整地展现。因此,真正的成功就像奇迹一样,是神性的展现。神性无时不在，无处不在——孩子的眼睛，美丽的花瓣，飞翔的小鸟，都闪耀着神性。当我们把生命视为神性的外在表达——不是偶尔，而是一直这样感觉——那么，我们就懂得了成功的真义。

在定义七大精神法则之前，我们先来了解一下法则的含义。法则是显化不明之事的过程。在这个过程中，观察者变成了被观察者，看风景的人自己变成了风景，做梦的人看清了梦境。

所有创造，物质世界存在的一切，都是未显化的事情显现的结果。我们触手可及的一切，都源于未知。我们的身体、宇宙——一切经由感官感知到的东西——都是从未明的、未知的和看不见的东西转化而来，变成了现在明确、已知和看得到的事物。

宇宙不是别的，就是真我的自我表达而已，并在精神、思想和物质上验证自己。换句话说，所有的创造过程，都是真我或神性展示自己的过程。大千世界,不过是奔流不息的意识在生命的永恒之舞中的自我表达。

一切创造的根源都是神性(或称为精神),创造的过程就是运动中的神性(或称思想),创造的对象就是物质世界(包括我们的身体)。现实世界的三个组成部分——精神、思想和身体,或者称之为观察者、观察的过程和被观察者——本质上是一回事。它们源于同处,即未曾显化的纯粹潜能领域。

宇宙的物理法则实际就是神性运动的全过程,或者是意识运动的全过程。当我们理解了这些法则并将之运用实践,所有想要的事物都可以创造出来。因为正是遵循这些法则,大自然创造了森林、银河、星星和人体。它们同样可以帮助我们实现内心最深切的渴望。

现在,让我们翻开《成功的七大精神法则》,看看如何将其付诸实践吧。

目录

CONTENTS

001 序言
008 致谢
010 前言

001 法则 1
纯粹潜能（真我）法则
031 法则 2
给予法则
051 法则 3
业力（因果）法则
073 法则 4
最省力法则
097 法则 5
意愿法则

目录

CONTENTS

123　法则 6
　　　不执着法则
143　法则 7
　　　使命法则

162　结语
168　关于作者
169　乔普拉基金会邀请函

当你了解了自己的本性,知道自己是谁,就具备了实现任何梦想的能力。

法则 1

纯粹潜能（真我）法则

The law of pure potentiality

纯粹意识是一切创造的根源，纯粹潜力将不明事物显化出来。

当明白真我是一种纯粹潜能的时候，我们就和令宇宙万物显现出来的力量联结在一起了。

The law of pure potentiality

真我的力量，才是真正的力量。

宇宙初开，非有，非无。

世界，一片混沌。

神以自身的能量呼吸，不吐纳。

其他，一无所有。

——《梨俱吠陀》

　　成功的第一个精神法则是纯粹潜能法则，或者说真我法则。事实上，我们内在最本质的状态就是纯粹意识，纯粹潜能就是纯粹意识，它是具有一切可能性和无限创造力的疆域。纯粹意识是我们的精神本质，浩瀚无垠，简单快乐。意识的其他属性，还包括单纯的知识、全然的寂静、完美的平衡、与世无争、自在、幸福。这是我们的天性，我们的天性就蕴藏于纯粹意识之中。

纯粹意识是我们的精神本质,浩瀚无垠,简单快乐。

点评

当你了解了自己的本性，知道自己是谁，就具备了实现任何梦想的能力，因为你具备了一切可能性，可以跨越过去、现在和未来。纯粹潜能法则也可以被称为统一法则，因为构成无限多样性生命的基础、能够穿透一切的，是和谐的意识能量场。你与这个能量场密不可分，纯粹潜能的能量场就是你的真我。你体验自己的本性越多，你就越靠近这个纯粹潜能场域。

体悟真我，或称"自我参照"（self-referral），意味着我们内在的参照点是自己的精神，而不是体验的对象。自我参照的反面是对象参照。在对象参照里，我们往往被真我之外的东西影响，包括环境、情境、人和事。在对象参照中，我们不断寻求他人的认可，所思所为总是期待外在的回应。因此，对象参照是建立在恐惧基础上的。我们还会有强烈的控制欲，并且对权力极度渴求。

对认可、控制、权力的需要，都是建立在恐惧基础之上的。这些力量不是纯粹潜能的力量，

[点评]①

自我参照和对象参照这两个概念特别好。我们终其一生都在追求活出真我,而不是按照别人的意愿而活。

2015 年,我曾受邀去中央人民广播电台"中国之声"节目做客。与主持人交流一番后,我开始接听场外听众电话。

一位母亲打电话进来说:"王老师,您是职业规划专家,也是培训师,我想请您给我出个主

---

① 为便利读者理解,译者对原文做了适当点评,均放于右页。——编注

或者说真我的力量。体验到真我力量时，不会有恐惧，不渴望控制，不会寻求认可，不需要这样那样的外部力量。

在对象参照里，你的内在参照点是小我。然而，小我不是真正的你，是你的自我形象，是你的社会面具，是你扮演的角色。你的社会面具要求认可，想掌控，要用权力维系，因为它生活在恐惧之中。

而你的真我，也就是你的精神，你的灵魂，完全不受这些束缚。它不惧怕批评，不畏任何挑战，不会自惭形秽。同时，它又谦卑，不会觉得高人一等，因为它明了，不同的伪装之下，每个人都有同样的真我，精神相通。

这就是对象参照和自我参照的本质区别。在自我参照里，你体悟本性，无忧无惧，尊重他人，众生平等。因此，真我的力量才是真正的力量。

而基于对象参照的力量，是虚假的力量。参照的对象消失，小我就汲取不到能量。如果你有意,说服我儿子。我儿子今年大学毕业,在我要求下考上了公务员。但是他非要去企业工作,不想做公务员。做公务员多好啊,您教教我,怎么说服他。"

我回答:"这位母亲,我特别理解您的心情。不过我不会教您怎么说服您儿子。我有两个建议给您:第一,您回去和儿子探讨一下,到企业工作,他将来工作的状态是怎样的,会过怎样的日子,实现他的什么价值;去做公务员,他将来工作的状态是怎样的,会过怎样的日子,实现他的什么价值。如果需要,您可以找我这样的职业规划师帮您分析。第二,分析完之后,让您儿子做选择。无论他是选择去企业上班,还是选择当公务员,您要做的就是无条件支持他,并且带着爱。"

从旁观者的角度,我挺欣赏她儿子的做法的,"自我参照",在很年轻的时候,就有自己的想法,勇于自己做选择。而不是做"对象参照",被家长的意志推着走。

某个头衔——一国总统或者公司总裁——抑或你有很多钱，你拥有的力量就和头衔、工作、金钱绑定在一起。一旦职位、工作、金钱不在了，你的力量也随之而去。

自我的力量却是永恒的，因为它建基于自我认识。自我力量的特征是：它能吸引别人，还可以将你期待的东西吸引而来。它会向别人、环境、情境释放磁力，从而支持你达成所愿。这是源于自然法则的支持，源于神性的支持，源于崇高生命状态的支持。在真我状态下，你喜欢与人联结，别人也喜欢跟你联结，所有的联结都源于真爱。

★ ★ ★ ★ ★ ★

我们怎样才能将纯粹潜能法则——一切可能性的源头，应用到生活中呢？如果你想享受纯粹潜能的利益，想要充分运用纯粹意识的无限创造力，那你必须和它联通。联通的方式之一是每日做静默、冥想和不评判练习。亲近自然也有助于不同年代的人对于职业的诉求是不一样的。60、70，包括85前的职场人，大多追求工作的安稳。而85以后的职场人，开始追求自我价值的实现。我们不能以自己的标准去框定和限制孩子的选择。

愚公移山的故事我们都听过。愚公嫌弃太行、王屋二山挡住了出行的道路，开始挖山。邻居智叟说你还能活几年，能把山挪走吗？愚公说了那句家喻户晓的话："虽吾之死，有子存焉。子又生孙，孙又生子。子又有子，子又有孙，子子孙孙无穷匮也。"

这个故事告诉我们，只要有毅力，山都能被挪走。可是，我们考虑过愚公子孙的感受吗？如果子孙愿意秉承老祖宗的遗志，当然可以继续挖山。可是如果他喜欢种地呢？他喜欢纺织呢？他喜欢经商呢？他为什么要跟着你去挖山？

你接近该能量场的本质：无尽的创造力，自由，喜悦。

练习**静默**意味着每天愿意拿出一段时间，单纯地存在着。体验静默意味着阶段性从说话类的活动中退出，也意味着阶段性从看电视、听广播或者读书等活动中退出。如果你从不给自己体验静默的机会，内在就会有嘀嘀咕咕、喋喋不休的对话。

不时地静默一会儿，或者每天在特定时间保持沉默。可以做两小时，如果觉得多，就做一小时。然后慢慢延长，静默一天，或两天，甚至是一周。

在你体验静默时，会发生什么呢？起初，你内在会变得更躁动，有强烈说话的欲望。我知道一些人，他们决心保持长时间的静默，可头一两天就憋疯了，完全被紧迫感和焦虑感控制。但是他们坚持下去，内心的杂音就开始安静，不久，静默就深不见底了。这是因为思想最终放弃

[点评]

这和咱们东方的智慧是一脉相通的。定静慧，在平静安逸中增长智慧。

佛家讲：灵台清静，静能生慧，慧能生智。

道家讲：静能生定，定能生慧。

儒家也认为"静能生慧"。《昭德新编》说："水静极则形象明，心静极则智慧生。"

总之，佛家、道家、儒家都认为静能生慧，静能开悟，静能正道。

现在，在一些佛家、道家的内观训练营里，都有"止语"这项练习，连续一周不说话，纯粹保持静默。这个过程是挺难受和煎熬的。

了——自我，精神，做决定的人不想讲话——怎么折腾都没有用。随着内在的对话安静下来，你就开始体验到纯粹潜能的安静祥和。

定期体验静默，是实践纯粹潜能法则的方便手段，而每天花些时间冥想，是另一种方式。理想情况下，你应该早晨和晚上各冥想三十分钟。经由冥想，你会慢慢体验到纯粹的静默和纯粹的意识。在那个场域之中，万物互联，充满合力，拥有无限创造性。

在第五大精神法则，也就是意愿法则中，你将学习如何在这个场域中引入愿望，使自己的渴望得以实现。不过首先，你得体验宁静。宁静是厘清愿望的第一步，在宁静中你和纯粹潜能联结，然后，它会帮你一步步实现愿望，帮你导演出实现愿望的全部过程和细节。

想象一下，你往平静的湖面扔一颗石子，看着湖面泛起涟漪。过一会儿，等涟漪平静，你可能再扔一颗石子。这个过程，和你把模糊的意愿

随着内在的对话安静下来,你就开始体验到纯粹潜能的安静祥和。

点评

引入纯粹静默是一样的。在静默中,最微弱的意愿也会在意识海洋中激起涟漪,把所有的事情联结在一起。但是,如果你不保持意识的静默,思想如海洋般波涛汹涌,即使把帝国大厦扔进去,你也什么都注意不到。《圣经》中说:"要安静,便可知道我就是神。"这只能通过冥想做到。

接近纯粹潜能的另一种方式,是练习不评判。评判就是不停地对事物下判断,什么是对,什么是错;什么是好,什么是坏。当你不停地评价、分类、贴标签、分析的时候,内心就有很多浮躁混乱的对话。这些混乱阻止了你和纯粹潜能之间的能量流动,实际上,你挤压了想法和想法之间的"空间"。

而这些"空间"是你联结纯粹意识的通道,是觉知,是想法和想法之间的空白,是联结你与真正力量源泉的内在宁静。一旦把这个空间压缩,你也就切断了和纯粹潜能及无限创造力联结的通道。

[点评]

不评判,和佛家的"无分别心"异曲同工,这也是我正在修炼的。不过,这很难。

我创立了一个门派,叫"鹏门",目前在全国有700多个弟子。之前,每当看到弟子有不足的时候,我都会从自己的认知和体验出发,告诉他怎样做会更好。

但后来我发现,我的建议往往不管用。我不是别人,没那么了解别人的个性、人生经历等,我认为轻而易举、理所当然的事情,别人往往做不到。而且,别人没有主动提问,你上赶着提出建议,往往还会引发对方的反感。

每个人都守着一扇只能由内而外开启的改变

在《奇迹课程》中，有一句祈祷语："我今天不对任何事下判断。"不评判，会创造内心的平静。因此，早上起床对自己说这句话是个不错的做法。一天当中，当你觉知到自己下判断的时候，就提醒自己。如果一天都这么做太难了，你也可以对自己说："在接下来的两个小时里，我不对任何事情下判断。"或者，"下一个小时，我不评判。"这样就能逐渐延长不评判的时间。

经由静默、冥想和不评判，你就接近了第一法则：纯粹潜能。这样做之后，你就可以添加第四个练习了，那就是定期与大自然直接交流。留恋自然，会让你体验到生命所有元素和力量间的和谐互动，体会到合一状态。溪流、森林、山峰、湖泊、海滨，大自然的智慧，有助于你和纯粹潜能场域的联结。

你必须学会和本性接触。本性超越小我，它无惧，自由，不怕批评，不畏挑战。不自惭形秽，也不高人一等，充满魔力，神秘而奥妙。

之门,如果他不愿意改变,无论你是动之以情还是晓之以理,都没有办法替他开门。

后来我就开始践行"三不"原则:不主动,不拒绝,不负责。不过,这可不是渣男撩妹的三不原则,而是说:如果你不主动寻求我意见,我绝对不会主动给你提建议。因为,每个人都是期待把事情做好的,他做的选择都是从他的角度出发认为有益的,都是可以理解的。我不能越俎代庖。但如果有弟子来咨询我问题,希望听到我的建议,我绝对不会拒绝,一定会从我对人生的理解出发,给出我认为最好的应对方式。即使我不懂,也会帮忙推荐给懂行的人,让他们给出建议。而给出了建议之后,弟子们能不能借鉴或者践行,我就不负责了。那是你的人生,你自己来主宰。

接近真实本性，还有助于你洞察各种关系。因为所有关系，都是你和自我关系的反映。比如，如果你对金钱、成功或别的事情愧疚、恐惧和不安，那实际反映了你个性中的愧疚、恐惧和不安。多少金钱，或者怎样的成功都解决不了这些基本问题，只有深入自我才能疗愈。当你立足真我，真正了解了本性，就不再会为获得金钱、富足和实现渴望而心存愧疚、恐惧或不安了。因为你知道，一切物质财富的本质都是生命能量，是纯粹潜能。而纯粹潜能就是你的本性所在。

越接近本性，你会自然而然产生越多创造性思想，因为纯粹潜能场域也是无限创造力和纯粹知识的场域。奥地利哲学家及诗人弗兰茨·卡夫卡曾经说过："无须离开房间，坐在桌前聆听就好。也不需要聆听，等待就好。甚至不用等待，只需安静下来，简单独处。世界会向你坦露无遗，毫无遮蔽。它别无选择，在你面前展开，无比欢喜。"

宇宙丰盛缤纷——万物生长美丽富饶——这

[点评]

去年我曾经给一个二十多岁的姑娘做过咨询。她五岁那年,父亲就去世了,母亲随后改嫁,她跟着奶奶长大。由于从小缺少父爱,她爱上了一个四十多岁的男人,两人走到了一起。在这段感情关系里,她非常依赖对方,但男人却和其他女人搅和不清。

一天,一个大着肚子的女人找到这个姑娘,说有了男人的孩子。姑娘很痛苦,想分手,却又舍不得那种父爱的感觉。

我和她通过几次电话,倾听她的哭诉,一再鼓励她:你已经长大,已经独立,完全有能力自己面对工作和生活,不需要从渣男身上寻找安全感。

最后,姑娘终于离开了那个男人。今年元旦,她给我发微信,说一切慢慢好了起来。

小时候的缺失经历会在我们的内心里留下一个个坑洞。这些坑洞,在你长大之后,往往是大自然创造精神的外在表现。越和自然协调，你越拥有无边无垠的创造力。但首先你得超越干扰，摒弃内在喋喋不休的对话和杂音，才能和丰沛的创造力联结。然后，秉持不受束缚的内心，永恒宁静的同时，展开积极的、能够创造无限可能的行动。

静默、自由、无垠的精神和活跃、受限、个人化的思想组在一起，动静结合，完美平衡，就能创造出一切你想要的东西。这种对立的共处——宁静与活跃并存——使你可以超然于状况、情境和人事。

当你安然接受这种对立状态的并存，你就融入了能量世界——量子汤（quantum soup），物质世界的非物质源头。能量世界流动不止，变化多端，生生不息。同时，它又是不变的、沉默、安静、旷古永恒。

单纯的静止，代表有创造力潜能；单纯的运动，是创造力在某些方面的有限表达。而运动和需要更多东西来填平，甚至永远无法填平。只有深入自我，认识到生命本身的丰盛、圆满，方能疗愈。

静止的结合，可以全方位释放你的创造力——无论你的注意力把你引向何方。

无论身处怎样的运动或活动之中，始终保持内在的宁静。这样周遭的混乱就无法阻断创造力的源泉——那个纯粹潜能场域。

无论身处怎样的运动或活动之中,始终保持内在的宁静。

点评

练习纯粹潜能法则

我决心通过以下方法,践行纯粹潜能(真我)法则:

1. 每天花些时间保持静默,与纯粹潜能场域连通。每天至少做两次冥想,早晚各达三十分钟。

2. 每天花些时间亲近大自然,静静感受每个生命内在蕴含的智慧。我会安静坐看日落,或者聆听海洋和溪流的声音,或者只是闻闻花香。沉浸在寂静的极乐之中,与大自然交流,我将充分体验生命的悸动和纯粹潜能场域无穷的创造力。

3. 我将练习不评判。我将以"今天,我不评判发生的任何事情"这句宣言开启一天。在一天当中,我会随时提醒自己不下判断。

沉浸在寂静的极乐之中,与大自然交流。

点评

心灵笔记

你必须学会和本性接触。本性超越小我，它无惧，自由，不怕批评，不畏挑战。不自惭形秽，也不高人一等，充满魔力，神秘而奥妙。

....

每种关系都是给予和接受。给予产生接受,接受产生给予,有上必有下,有出必有进。

法则 2

给予法则

The Law of Giving

宇宙在不停交换中运行不息……给予和接受是宇宙能量流动的两个不同面向。

当我们愿意付出我们想追求的东西，能量就流动起来，你的生命将越来越丰盛。

The Law of Giving

如果要丰盛富足，或者得到任何想要获取的东西，你必须通过给予和接受让能量流动起来。

你令我生生不息。我就像那易折的芦苇，你一遍一遍将芦管清空，注入新鲜的生命，做成芦笛。你带着它行遍高山深谷，吹出永远如新的曲调……你的馈赠无穷无尽，送到我小小的双手之中。岁月流逝，你依然纯粹，有无尽的空间等你填充。

——泰戈尔《吉檀迦利》

成功的第二个精神法则是给予法则，也可以称之为给予和接受法则，因为宇宙就是在不停交换中运行不息的。没有东西是静止的。你的身体不断和宇宙交互，你的精神不断和宇宙交互，你的能量不过是宇宙能量的外在表达。

生命的流动不过是所有元素和力量的和谐互动，你生命中各种元素和力量的和谐互动，就体

点评

宇宙就是在不停交换中运行不息的。

现在给予法则。因为你的身体和精神一直不停地在和宇宙交互，所以停止能量的流动就像停止血液的流动。血液停止流动，就会凝结、堵塞。这就是为什么如果要丰盛富足，或者得到任何想要获取的东西，你就必须通过给予和接受让能量流动起来。

富足（affluence）一词源于词根"affluere"，意思是"流动"。所以富足意味着"在富裕中流动"。金钱是生命能量流动的符号，是我们为宇宙提供服务得到的结果。钱的另一个称呼是货币（currency），它也反映了能量流动的本质。货币一词源于拉丁文"currere"，意思是"跑"或者流动。

所以，如果停止金钱流通——如果就想着存钱、囤积——我们就阻碍了生命能量的流转。想让能量流向我们，我们就得保持能量流转。就像河流一样，钱必须流动起来，不然就会阻塞、淤积，扼杀它原有的生命力。流转使其鲜活，生机

[点评]

我们常常会听到"格局"这个词,比如××格局很小,××格局很大等。

我对格局有自己的理解:格局小的人,往往注重短期利益,斤斤计较,一件事,有利就做,没利就不染指;格局大的人,往往注重长期利益,心胸宽广,不在意一时得失,甚至在时间、精力允许的时候,即使无利可图也愿意助人。

我不敢说自己是格局大的人,只分享一个自己的体验。

我因为写过几本书,在微博、公众号甚至微信里经常接到读者提问。对此,只要我懂,我都会竭尽所能来回答。回答这些问题时,我并没有期待什么回报,纯粹是想着:自己有时间,又正好懂,那就顺手帮一下。

但有意思的是,我现在在全国各地讲课,经

勃勃。

每种关系都是给予和接受。给予产生接受，接受产生给予，有上必有下，有出必有进。事实上，接受和给予是一样的，是宇宙能量流通的两个不同面向。停止任何一个，你都干扰了自然的智慧。

广袤的森林由一颗颗种子孕育而来，但种子不能被储藏，必须把自己交托给肥沃的土壤。经由给予，种子无形的内在能量得以流淌，长成了参天大树。

你给的越多，收获就越多，因为你让宇宙的丰盛在生命中得以流通。实际上，生命中有价值的东西，给出去之后会倍增的。给出去不会倍增的东西，既不值得给，也不值得要。如果在给予的时候，你感觉怅然若失，这不是真的给予，也不会带来倍增。如果勉强给予，这给予的背后，毫无能量。

给予和接受背后的发心最重要。发心应该是

常会遇到以前的读者赶来听课,甚至交钱拜师。问起原因,他会提起某年某时,我曾经在网络上帮助过他。

这真的很好玩,是很美好的体验。

日本经营之神稻盛和夫说过,利他,是他的成功之道。

你不过是随手播下了善的种子,本来没期待会开花,结果却得到了丰硕的回报。

而宇宙,经由微妙、无法言喻的运作,会在某个时刻,给你回馈,超越你的期许。

[点评]

给予的发心很重要。我对别人好,期望着未

为给予者和接受者带来快乐，因为快乐是支撑和维系生命的本源，会不断倍增。无条件、发自心底的给予，将获得成比例的回馈。这就是为什么给予时必须是愉悦的，每个给予的行为都感觉快乐，这样背后的能量就会成倍增长。

★ ★ ★ ★ ★ ★

践行给予法则实际上非常简单：想要快乐，就给予别人快乐；想要爱，就学习付出爱；想要获得关注和赞美，就给别人关注和赞美；想要物质富足，就帮别人变富有。事实上，想得到心中所愿，最简单的方式，就是帮他人达成所愿。这个原则对个人、企业、社会和国家，统统适用。如果你想幸福地拥有所有美好事物，就要学会默默祝福别人拥有美好。

即便是给予和祝福的念头，或者一句简单的祈祷，都有影响他人的力量。这是因为我们的身体从本质来说，是宇宙能量和信息世界的一个个体，也是意识世界的一个个体。"意识"一词不仅来他会对我好,这样的给予,是有条件的,无利不起早。只是给予,不是为了交换,未来有没有回报无所谓,这才是真正无条件的给予。

比如"人为什么要善良?"这个问题。有人会说:善有善报,我善良,是为了将来有好报,别人也会对我善良。这样的善良是期望回报的。

应该是:我善良,因为善良是对的事。

又比如公交车上给老人让座。如果老人表达了感谢,我们会心生欢喜。如果老人没有表示,理所当然地坐下了,我们会失落。这就是因为不自觉地在期待回报。

但其实,老人有没有表示,我们都该让座,因为让座就是对的事。

所以,我们为什么要给予?

因为给予就是对的事情。

仅指能量和信息,也是指鲜活的、作为思想的能量和信息。因此,我们是思维世界的一束束信息,而思想具有转化的力量。

生命是意识的永恒之舞。生命的表现在于动态互动,这些互动存在于微观世界和宏观世界、人体与宇宙、人类思想和宇宙思想之间。

当你学着给予你所追求的,你就开启了姿态优雅、充满力量、永恒的生命之舞。

践行给予法则的最佳方式(也就是开启整个循环流程),就是做出决定:任何时候与任何人接触,都给对方点儿东西。给予不一定是多么贵重的物质形式,可以是一束花,一句赞美,或一声祝福。实际上,最有力量的给予不是物质的。关心、关注、爱护、欣赏,以及爱,都是你可以付出的珍贵礼物,它们不需要花钱。遇到他人,你可以默默地送上祝福,祝他们幸福、快乐、笑口常开。这种默默的给予极有力量。

小时候我就被这样教导,现在我也这样教导

[点评]

  每个人都是富足的。在人生某个阶段，我们可能无法给予别人物质，但精神层面，任何时候，我们都可以给予。

  大学毕业后，我加入了一家外企，工作关系接触到一份文件，里面记录着公司所有人的出生年月日。我把公司里那些德高望重、令我佩服的人，单独做了一个文件，记录下他们的生日。

  每到他们的生日，我都会在前一天下班的时

我的孩子,那就是不带东西,从不去别人家——拜访别人一定要带礼物。你可能会说:"我自己还不够呢,怎么给别人?"你可以带束花,一束花足以。也可以带一张卡片,上面写着你对拜访对象的感觉。一句赞美,一句祝福,也都可以。

下个决心,不管去哪里,不管去见谁,都要给予。只要给予,你就会得到。给的越多,你越会从这个神奇法则中受益。得到的越多,你的给予能力也会越强。

我们的本性之一就是丰盛富足,天生就富足,因为大自然是满足一切需求和愿望的基础。我们什么都不缺,因为纯粹潜能和无限可能就是我们的本性。因此,你必须明了,无论钱多钱少,你都是富有的,因为财富的源头是纯粹潜能——它是知道如何满足每种需要的意识,这些需要包括快乐、爱、欢笑、平静、和谐和知识。如果你首先为别人,而不是为自己获得以上东西,一切都会随之而来。

候,写一封邮件,表示:您是我非常敬重的人,在哪些方面是我学习的榜样。知道明天是您的生日,祝您生日快乐。

第二天上班,这个同事打开邮箱,收到的第一份生日祝福,一定是来自我的。

有一次,我发现第二天是公司副总的生日。他是个很强势的人,也非常敬业。那段时间他肩周炎犯了,整条右臂都抬不起来,但依然坚持工作。

我在下班后买了一张生日卡片,写道:"副总,最近看到您非常辛苦,希望您保重身体。我知道明天是您五十三岁生日,祝您生日快乐!"然后偷偷放到他的电脑鼠标下面。

第二天早上,副总来到办公室,看到生日卡片,把我叫进去表示感谢,还感慨地说:"你挺有心的。连我老婆,都好几年没给我过生日了。"那个瞬间,我注意到,平时以硬汉形象示人的副总眼角隐隐有泪光。

练习给予法则

我决心通过以下方法,践行给予法则:

1. 无论去哪儿,碰到谁,我都会带礼物。礼物可以是一句赞美,一束花,或者一句祝福。今天,我会给予接触的人一些东西,这样就能在我的生命和他人的生命中,让欢乐、财富和富足流动起来。

2. 今天,我将充满感激地接受生命赐予我的所有礼物。我将接受大自然的礼物:阳光、鸟儿的歌唱、春日细雨或冬季初雪。我也坦然接受他人的给予,无论是钱、物、赞美,抑或祝福。

3. 我承诺经由给予和接受生命中最珍贵的礼物,让财富流动起来。这些礼物是:关怀、爱护、欣赏和爱。不管遇到谁,我都默默祝福他们幸福、快乐、笑口常开。

后来，这个副总，还有那些我曾经祝福过生日的同事，在我的工作中，给予了我很多帮助。

这就是给予法则。我们是富有的，总是可以用某种方式，给予别人美好的东西，让能量流动起来。

心灵笔记

无论喜欢与否,当下发生的所有事情,都是过往你所做选择的结果。

法则 3

业力（因果）法则

The Law of "Karma" or Cause and Effect

每个行动都将产生某种能量,它会反作用于我们……

种瓜得瓜,种豆得豆。

我们选择给他人带来幸福和成功的行动,业力也会让我们幸福和成功。

*The Law of
"Karma" or Cause
and Effect*

你可以运用业力法则创造金钱和财富,让各种好事都流向你,在任何时候。

业力（Karma，佛教名词，又称业、羯磨）捍卫着人类的自由。

我们的思想、语言和行为，在我们周围编织出一张网。

——印度先知维韦卡南达

成功的第三个精神法则是业力法则，或者说因果法则。业力是因也是果，是行动，也是行动的结果。因为每个行动都将产生某种能量，它会反作用于我们。业力法则并不陌生，我们都听过这句话，"种瓜得瓜，种豆得豆"。道理很简单，你想在生命中获得幸福，就得播下幸福的种子。因此，业力意味着我们得有意识地选择行动。

你我本质上都是选择者，存在的每一刻，都在各种可能性之中做出选择。有些选择是有意识

你想在生命中获得幸福,就得播下幸福的种子。

点评

做出的,有些选择则出自无意识。理解和最大程度地应用业力法则,最好的方式是在做出每个选择的时候,保持清醒的意识。

无论喜欢与否,当下发生的所有事情,都是过往你所做选择的结果。不幸的是,很多选择都是无意识做出的,因此你不觉得那是选择。然而,它们是选择。

假设我侮辱你,你很可能做出被人冒犯的选择。假设我赞美你,你可能甘之如饴。仔细想想,这些都是选择。

如果我冒犯你,侮辱你,你也可以做出未受冒犯和侮辱的选择。我赞美你,你也可以做出不领情的选择。换句话说,我们大部分人虽说拥有无限选择,但往往受他人和环境的作用,形成既定的条件反射式的行为。这种反应就像巴普洛夫反射实验一样。巴普洛夫广为人知的实验就是,如果每次喂狗的时候都摇铃铛,不久之后,你一摇铃铛,狗就会流口水。摇铃和喂食这两种刺激

[点评]

读过心理学相关图书的读者,一定听说过美国心理学家艾利斯的情绪 ABC 理论。

A 指导致个体情绪困扰的触发事件,B 指对事件解释、评价的观念体系,C 指由个体的观念体系导致的情绪和行动结果。

真正对我们的情绪和行动产生影响的,并不是前面的触发事件,而是我们对事件的解释和评价。

举例来说,我在培训时,经常问学员这个问题:早高峰,你在地铁上,忽然有人踩了一下你的脚,你会怎么反应?

有的学员会回答:瞪他一眼,骂他一句,或

联系在一起了。

大多数人受条件反射和惯性制约，会对周围环境的某种刺激产生重复和可预期的反应。我们的反应看起来被人和环境自动触发，但我们忘记了，这些依然是每时每刻我们做出的选择，只不过是无意识做出的而已。

如果退后几步，观察你做的选择，观察的这个动作，就将选择过程从无意识变成了有意识。有意识地做选择，观察选择过程，威力巨大。

做选择时——任何选择——你都可以问自己两件事情：第一，我做的选择会有什么后果？在内心深处，你立刻就会有答案。第二，"这个选择能否给自己和身边的人带来幸福？"如果答案是肯定的，就开干。如果答案是否定的，选择会给自己和身边的人带来不幸，那就不要那样选择。就这么简单。

在每分每秒无穷无尽的选择中，只有一种选择能让你和周围的人幸福。如果你做了这个选择，者心中怨恨,默默挪到旁边。

有的学员会回答:还没等对方说对不起,自己就先说,没事儿没事儿。

还有的学员开玩笑说:我怎么反应,取决于对方的体型。对方高大,我就不说话,忍了;对方矮小,我就揍他。

同样的触发事件A,导致不同的情绪和行动C,其中起关键作用的是你对这件事的解释B。

如果你认为他是有意的,他眼瞎,你就会生气。你的气愤会导致敌意和对抗。

如果你认为他是无意的,这么多人,谁都可能碰到别人,你就会心平气和,会友好,会谅解。

点评

你的行为就是自发性正当行为。自发性正当行为就是在适当的时候做出正确的反应。它是应对所有情境的正确反应，会惠及你和受影响的每个人。

宇宙有一套非常有趣的机制，**能帮你做出自发性正确选择**。该机制和身体感觉有关。身体有两种感觉：一种是心安，一种是不安。在有意识做选择的时刻，注意身体的感觉，问问它："如果这样选择，会怎么样？"假如身体传递出心安的信息，那就是正确选择。如果身体传递出不安的信号，那就不是恰当选择。

有些人心安与否的信息，从太阳神经丛（在胃的后部——译者注）发出，而大多数人则来自心脏区域。有意识地关注心脏部位，扪心自问该怎么做。接着，就等待反应——生理的感觉。感觉可能很微弱，但它一定在，就在你的身体里。只有心才知道正确答案。

许多人都认为心多愁善感，其实不是。心是直觉型的，它反映整体，讲究前后关联，理性

[点评]

怎么让我们的选择成为"自发性正当行为"?毕竟,很多时候,选择是瞬间做出的,是无意识行为,没有足够的时间和空间让意识参与进来。比如,马路上开车时,发生点摩擦,两个司机可能脑子一热就大打出手。

实际上,生而为人,我们是有做出"自发性正当行为"的天赋的。

在《高效能人士的七个习惯》一书中,作者史蒂芬·柯维博士提到了人类的四大天赋:

1. 自我意识:省察自我想法、情绪和行为的能力。

2. 想象力:超出当下的体验和情境,具象化未来画面和结果的能力。

3. 良知:关于对与错的理解能力。

4. 独立意志:摆脱外部影响、独立行动的能力。

十足。它不在意输赢,直接踏入宇宙的计算机系统——那个纯粹潜能、纯粹知识,具有无限组织能力的场域,把所有信息都考虑在内。它有时看起来缺乏理性,但它的运算能力比任何理性思维都精准。

你可以运用业力法则创造金钱和财富,让各种好事都流向你,在任何时候。不过首先你必须意识到,你的未来是由当下每个选择决定的。如果经常这样做,你就充分运用了业力法则。越在意识层面做选择,选择成为自发性正确行为的几率越高,这对你和周围的人都将有益。

★ ★ ★ ★ ★ ★

那么,过去的业力对现在的你会有什么影响呢?对待它们,你可以做三件事。首先是还业债。大部分人选择这样做——当然,是无意识的。但是你可以有意识地这样做。有时候,偿还业债会很痛苦,但业力法则告诉我们:宇宙中任何债务都得清偿。宇宙有完美的计算系统,毫无遗漏,能量所以，做任何选择时，你都可以问自己两个问题：第一，我做的选择会有什么后果？在内心深处，你立刻就会有答案。第二，"这个选择能否给自己和身边的人带来幸福？"我们的四大天赋会给出答案，让我们的选择成为"自发性正当行为"。

不停交换，有出就有进，有进就有出，有债必偿。

　　第二，**你可以将业力转化为更积极的体验**。这个过程很有趣，偿还业债时问自己："我从中学到了什么？这为什么会发生，宇宙想向我传递什么信息？我怎么用这种体验帮助别人？"这样的话，你就是在寻找机缘的种子，与业力，与使命（在第七大法则中会谈到）联结起来，由此将业力转化为新的表现方式。

　　比如说，运动的时候摔断了腿，你可以问："我从中学到了什么？宇宙在传达什么信息？"也许它要传达给你的信息是让你慢下来，下次更在乎和关照自己的身体。如果业力是要你去教导别人你的收获，那你可以接着问："我怎么运用这个体验服务别人？"你或许会写一本有关运动安全的书，或许会设计一款特别的鞋、护腿，以防止别人受到同样的伤害。

　　这种偿还业债的方式，能够将坏事变成好事，为你带来充实和幸福。这是将业力转化为积极体

[点评]

我在深圳有个弟子叫张家瑞,他曾获得2017年中国"我是好讲师"大赛总冠军。

2016年我与他初次见面。见面时,他主动伸出右手,和我握手。我吃惊地发现,他右手只有一根手指!我心里顿时咯噔一下,但顾及他的自尊心,装作若无其事地握了回去。

晚上吃饭时,他谈笑风生。我终于忍不住好奇心,小心翼翼地问他:"介意我问你一下吗?你的手是怎么回事?"

他坦然地说:"不介意啊。"

原来,他出生在东北,小时候过年放炮仗,把他的右手除食指之外的四根手指,全都炸掉了。

这是一个悲惨事件,业力,让他在小时候就遭遇了如此这般的痛苦。

可是,他没有自怨自艾,没有抱怨命运的不公,顽强生长,努力奋斗。现在从事着培训工作,把那次事故变成了一段人生故事,站在台上侃侃验,你没有将业力消除,但是改变了业力剧情,创造了新的、积极的业力。

第三种处理业力的方式就是超越它。超越即让自己独立于业力之外,方法是回归真我和灵性,与业力保持距离。这就像在溪流中洗脏衣服,一遍一遍地洗,每洗一次就干净一些。在业力和灵性的缝隙中入而复出,你就可以洗掉和超越业力了。当然,这要通过冥想练习来实现。

所有行为都是业力片段,喝杯咖啡也是。行为产生记忆,记忆有能力或者有可能激发欲望,而欲望再导致行为。你灵魂的操作软件就是业力、记忆和欲望,你的灵魂是携带着业力、记忆和欲望种子的意识。清醒地觉知到这些种子,你将变成现实的创造者。通过成为有意识的抉择者,你采取的行动,将有益于自己和他人成长进化。这就是你需要做的一切。

只要业力不断进化——对自我和受你影响的所有人——业力之果都将是幸福和成功。

而谈，去激励和影响自己的学员。

这就是把业力转化成更积极的体验。

练习因果法则

我决心通过以下方法，践行因果法则：

1. 今天我将观察每个选择瞬间。通过观察它们，我会将选择带到意识层面。我知道应对未来最好的方式就是有意识地活在当下。

2. 做任何选择的时候，我都会问自己两个问题，"选择的结果会是什么？""选择能否给我和受其影响的人带来快乐和幸福？"

3. 我将以我的心作为指引，接收安心或不安的信息。如果对选择感到安心，我就一往无前。如果觉得不安，我将暂停，检视行动将带来的结果。心灵的指引将使我做出对自己和他人都有益的自发性正确选择。

应对未来最好的方式就是有意识地活在当下。

点评

心灵笔记

业力是因也是果，是行动，

也是行动的结果。

你可以期望事情在未来有所不同,但这一瞬间,
你必须接受实际情形。

法则 4

最省力法则

*The Law of
Least Effort*

大自然的智慧就在于，毫不费力地运转，自在，和谐，充满爱意。

只要掌控了和谐、快乐和爱的力量，我们就能毫不费力地创造成功和好运。

The Law of
Least Effort

所有事件背后都隐藏着深意,那就是推动你成长。

圣人不行而知，不见而明，不为而成。

——老子

成功的第四个精神法则是最省力法则。这个法则基于这样的事实：大自然的智慧在于，以轻松自在和无为的方式运作。这就是采取最少行动、决不做抗拒的法则。因此，也是和谐与爱的法则。从自然中汲取到这一点，我们就能轻松实现心中所愿。

如果观察一下大自然怎么运转，你就会明白最省力的真意。小草并不努力生长，它只是生长；鱼儿并不费力游泳，它只是游泳；鲜花并不非得开放，它只是开放；鸟儿并不为飞翔操心，它只是飞翔。这是它们的本性。毫不费力地绕着轴心旋转，是地球的本性；快乐是婴儿的本性；发光是太阳的本性；闪耀是星星的本性。而人类的本性，就是将梦想毫不费力地变成现实。

点评　　大自然的智慧在于，以轻松自在和无为的方式运作。

在古印度的吠檀多哲学中，这被称为最经济原则，或者叫"少劳多得"。当你到达最高境界，你将不费吹灰之力就能实现一切愿望。这意味着只需要一个微弱的念头，它就会在现实中自然展现出来。所谓的"奇迹"，就是最省力原则的表现。

大自然轻松、毫无阻碍、自发地运转，它是非线性的，直觉性的，整体而全面，滋养万物。当你与自然保持一致，立足于真我之上，你就能运用好最省力法则。

当你的行为由爱驱动，你花费的努力一定最少，因为自然就是由爱的能量聚合在一起的。当你追求权力和控制他人时，你就耗费能量。当你因一己之私追求金钱和权利时，你就是在追逐虚幻的幸福，而不是享受当下的快乐。当你只为个人利益谋取金钱，你就切断了流向你的能量，阻碍了自然智慧的表达。然而，当你的行为受爱驱动，能量就不会浪费。行为由爱驱动，能量就会

只需要一个微弱的念头,它就会在现实中自然展现出来。

点评

累积倍增，你汇聚和享受的能量会帮你创造任何想要的东西，包括无尽的财富。

你可以把身体视为控制能量的设备：它能产生、储藏和消耗能量。如果你知道如何以有效的方式产生、储藏和消耗能量，你就能够创造财富。过分关注自我消耗了最多能量，如果内在参照点是小我，寻求权力，掌控他人，渴望认同，你就是在浪费能量。

当能量满溢，它会流向新的渠道，创造你所向往的东西。内在参照点是灵性，你就不害怕批评，不畏挑战，驾驭爱的力量，创造性地运用能量，体验富足，不断成长。

在《做梦的艺术》一书中，唐望告诉卡罗斯·卡斯塔尼达："……我们大部分能量都用于提高自己的重要性……如果不把地位看得太重，就会有两件奇妙的事情发生。第一，那些竭力维护我们重要性的能量会被释放出来；第二，我们会有更多能量……去窥探宇宙的奥妙。"

当能量满溢,它会流向新的渠道,创造你所向往的东西。

点评

★ ★ ★ ★ ★ ★

最省力法则包含三个组成部分——你可以做三件事情来将"少劳多得"化为行动。第一是接纳。接纳很简单,你只需做出如下承诺:"今天,我会接纳出现的任何人、事情和状况。"这意味着,你知道当下就是这样的,如其所是,因为宇宙就是如其所是。当下——你正经历的时刻——是过往所有经历的聚合。当下就是这样,因为宇宙就是自然而然,如其所是。

与当下的情况抗争,你便是与全宇宙为敌。相反,你也可以下决心,今天我不经由与当下对抗来跟宇宙抗争。**这意味着你全然、完整地接纳当下,接受事物本来的样子,而不是你所期望的样子。**理解这点很重要,你可以期望事情在未来有所不同,但这一瞬间,你必须接受实际情形。

当你被某个人或者某个处境搞得心神烦躁,备受挫折,要记住,这不是那个人或者那个处境有问题,是你对那个人或那个处境的情绪出了问

[点评]

分享一个我自己的故事。

2015年,为了换房,我们决定卖掉苏州的一套房子。通过房产中介,我们很快找到了买家,签订合同,拿到了首付款。尾款要等买家拿到贷款之后付给我们。

但在买家去交契税时,问题出现了。我早已告知房产中介,房子未到五年,但中介的失误导题。这是你的情绪，而你的情绪不是别人的错。完全意识到并理解这一点，你就可以为自己的情绪负责，并且可以改变它。接受事物原本的样子，你就做好准备了，能够为处境和所有你视之为问题的事情负起责任。

这就将我们带到最省力法则的第二部分：责任。责任意味着什么？意味着不为自己的状况怨天尤人，包括不责备自己。接纳了现有环境、事件和问题之后，责任意味着有能力创造性地做出反应。一切问题都隐含着机会，意识到这一点，你就有可能将其转化到好的方向。

一旦这样做了，每一个困难状况都将成为创造美好新事物的机会，每个所谓的迫害者或暴君都会成为老师。现实取决于诠释。如果你用这种方式诠释现实，周围就有很多老师，就有很多成长的机会。

无论何时，你遇到一位暴君、迫害者、老师、朋友，或者敌人（他们都是一回事），提醒你自致买家一直误会房子已满五年，直到交税时才发现。这就意味着要多缴纳5.1万元的税。买家很生气，认为我们和中介联合起来骗人，拒绝交这笔钱。

几个回合的争执之后，中介提出了一个解决方案，即买家、我们和中介各自承担这笔费用的三分之一。我老婆坚决不同意：中介犯的错，凭什么要我们买单？

局面就这样僵持下来，买家拿不到房产证，我们拿不到尾款，也就买不了新房。

后来我意识到这样不行，纠结谁对谁错已经没有意义，为今之计，只有接受现实，才能做出利益最大化的选择。于是我安抚了老婆愤怒的情绪，和她认真分析了利弊，说服了她，1.7万也不是多大的数目，最终我们掏了这笔钱。

后续一切顺利，我们拿到尾款，迅速把心仪的房子买了下来。之后，房子迅速升值，升值空间远远大于那笔1.7万的契税。

己,"此时就是这样的"。当下吸引来的各种关系,都是生命的必然,都是此刻你需要的。所有事件背后都隐藏着深意,那就是推动你成长。

最省力法则的第三部分是不设防,意思是你的意识建立在不设防的基础上,你完全放弃了用自己的观点说服或劝说他人的需要。如果你观察周围的人,你会发现他们用百分之九十九的时间来捍卫自己的观点。放弃这种做法,你就接通了之前被浪费的巨大能量。

当你处处设防,责怪他人,不接受和臣服于当下,你的生活就会遭遇阻力。要记住,遇到阻碍时,你越抗拒,阻力越会增强。暴风雨中,刚直挺立的橡树会被雷电击倒,而随风雨弯曲的芦苇却会存活。

完全放弃捍卫己见的念头。没有观点需要维护,你就阻止了争论的发生。持续这样做——停止争斗和抗拒——你就全然活在了当下,当下是珍贵的礼物。有人曾经告诉我:"过去是历史,未

[点评]

日本有个禅宗故事。某寺院住着一个禅师白隐,他被人们尊奉为过着纯洁生活的人。

一天,在他居住的寺院附近,一户人家发现女儿未婚先孕,大怒逼问。女儿谎称:"孩子是白来是秘密,而当下是礼物。"这就是当下(present)被称之为"礼物"的原因。("present"也可以作为"礼物"讲。——译者注)

如果拥抱当下,与其合一,沉浸其中,你将感受到每个生命里闪耀的火焰、光芒和欢快。当你开始体会到万物的灵性,喜悦将油然而生。你将卸下防卫、怨恨、伤痛等沉重负担,变得轻松愉快、无拘无束、自由喜乐。

在欢乐、简单的自由状态下,你发自心底地相信,任何期望都将心想事成。因为你想要的东西来自快乐层面,而不是来自焦虑和恐惧层面。无须证明,你只要对自己说出心中所愿,就将过上丰盛、快乐、充实、自由和自主的生活。

承诺踏上不抗拒之路吧,大自然就是经由此路彰显智慧的。当你把接纳、责任、不抗拒融为一体,生命之河将毫不费力地自然流淌。

当你对所有观点保持开放态度,而不是固执

隐的。"父亲听了,怒气冲冲地拿着木棒赶到寺院,将白隐痛打了一顿。

白隐丝毫没有觉得委屈与生气。他知道解释是徒劳的,只是淡然地问了一句:"是这样吗?"此后他声名一落千丈,但依然像往常一样,过着平静的日子。

小孩出生后,女孩的父亲理所当然地把婴儿送到寺院去,当着所有僧人的面要求白隐抚养。稚子无辜,白隐非常细心地照顾婴儿,就像真正的父亲一样。虽然难免遭人白眼,但他处之泰然。

一年后,女孩受到良心谴责,主动坦白了真相,原来孩子是她和村里的一个青年所生。她父母听了懊悔万分,立即带上女儿去找白隐道歉,请求宽恕,并带回了婴儿。白隐依然心如止水,只是淡然地问了一句:"是这样吗?"

以后,白隐还是一如往常,平静地生活着,就好像什么事也没有发生过一样。从此他得到了已见,你的梦想和期望就会与大自然的期望同向而驰。你种下希望的种子,不执着,等待它们变为现实,在适当的时候收获果实。这就是最省力法则。

更多人的尊敬。

我们活在世上，难免会蒙受各种流言蜚语，难免会被人误会，甚至受到不公平的待遇，而我们总是那样容易受伤害，拼命去捍卫自己的观点和行为。其实，面对世间种种不幸，让你受苦的是你自己，是你面对问题的态度，是你选择了痛苦和愤愤不平。

别人的看法和态度，我们没有办法左右，但我们可以自由地选择自己的看法和态度。

不设防，不争辩，对所有观点保持开放态度，寂寂然，一尘不染。

练习最省力法则

我决心通过以下方法,践行最省力法则:

1. 我将练习接纳。今天,我会接纳出现的所有人、事、状况。我知道当下就是这样,如其所是,因为宇宙就如其所是。我不对抗当下,不和宇宙为敌,全然接纳,接受事情本来的样子,而不是我期望的样子。

2. 接纳之后,我将对现状和我视为问题的事情负责。负责意味着不责怪他人,包括不责怪自己。我同样知道,问题背后隐藏着机会,我将抓住机会,将问题转化为对我有益的状态。

3. 今天,我以不设防的心态待人处世。我将放弃捍卫自己观点的需要,不说服或强迫别人接受我的想法。对所有观点保持开放态度,不固守任何想法。

[点评]

我曾经总结过一个公式，来应对生活中出现的各种事情，尤其是负面事情，那就是 ACT 行动法则。

A，Accept，接纳。事情已经发生，不可避免和逆转。那就全然去接纳，不抗拒。同时接纳自己因为这件事而产生的情绪。

C，Commit，承诺。承诺自己会面对问题，不逃避。

T，Take action，行动。理智权衡利弊，做出当下能做的最好的选择，然后付诸行动。

这个公式，可以把左页 1、2 方法完美融合。

心灵笔记

承诺踏上不抗拒之路吧,大自然就是经由此路彰显智慧的。当你把接纳、责任、不抗拒融为一体,生命之河将毫不费力地自然流淌。

• • • • • • • • • •

只要不违背其他自然规律,你可以通过意愿命令自然法则来实现梦想和愿望。

法则 5

意愿法则

The Law of Intention and Desire

每个意愿都有与生俱来的自我实现机制……在纯粹潜能场域，意愿拥有无限的组织能力。

当我们将意愿的种子，播种在肥沃的纯粹潜能土地上，那份无限的组织能力就会自动发挥。

The Law of
Intention and Desire

单是意愿本身就非常有力量,因为意愿是不执着于结果的欲望。

> 欲念生，而后思想起；圣人慧，心中念，化无形为有形。
>
> ——《梨俱吠陀》

成功的第五个精神法则是意愿法则。这个法则基于"大自然能量和信息无处不在"这一事实。实际上，在量子场层面，只有能量和信息。量子场是纯粹意识或纯粹潜能场域的另一种称呼。量子场受意愿影响，我们来详细了解一下这个过程。

一朵花、一道长虹、一棵树、一片叶子、一个身体，被分解到基本成分时，就是能量和信息。整个宇宙的本质，就是能量和信息的运动。你和一棵树的唯一区别，就是信息和能量的内容不同而已。

在物质层面上，你和树都由相同的循环元素

一朵花、一道长虹、一棵树、一片叶子、一个身体,
被分解到基本成分时,就是能量和信息。

点评

组成：大部分是碳、氧、氢、氮，还有一些微量元素。花几十美金，在五金店，你就能买到这些元素。因此，你和树的区别不在于碳、氢或氧。实际上，你和树相互不断在交换碳和氧。你们之间真正的区别在于能量和信息。

在自然体系中，你我属于高级物种。我们有神经系统，能感知到在环境中存在的、造就我们身体的能量和信息。主观上，我们经由自己的思想、感觉、情绪、欲望、记忆、本能、冲动和信念体验这个环境。而客观上，我们经由身体来感知这个场域。这个场域就是世界，场域和世界是一回事。这就是为什么古代先知宣称："我也是，你也是，所有人都是，所有人都一样。"

你的身体绝非独立于宇宙体，因为量子场域没有固定边界。你就是巨大能量场里的一次摇晃，一轮波动，一圈旋转，一个漩涡或一股震荡。这个巨大能量场——宇宙——是你延展的身体。

人的神经系统不仅能意识到自身量子场里的

我也是，你也是，所有人都是，所有人都一样。

点评

信息和能量，而且因为神经系统拥有无限拓展性，你还可以有意识地改变产生你物质身体的信息内容。通过有意识地改变自身能量和信息，你就能影响延展的身体里的能量和信息内容——环境、世界——让事情显现发生。

这种有意识的改变，通过意识的两个特性实现：专注和意愿。专注聚集能量，意愿完成转化。**你专注什么，什么就会变强。**你忽视什么，什么就会萎缩、崩塌和消亡。另一方面，意愿能够触发能量和信息的转化，使其自身得以实现。

在遵守其他几项成功精神法则的同时，对于所专注对象的意愿强度，决定了能否调配一系列时空事件实现预期目标。因为在专注的沃土之上，意愿拥有无穷的组织能力。无穷的组织能力意味着，可以同时调配所有时空事件。在每片叶子、每个花瓣、每个人体细胞中，我们都可以看到这种无穷组织能力的展现。一切都是活生生的例子。

[点评]

专注的力量,十分强大。你的焦点在哪里,你的能量就流向哪里;你的时间花在哪里,成果就出在哪里。

你每周读一本书,10年就是520本,你就可以涉猎百家。

你每天写500个字,10年就是180万字,你就可以著作等身。

你每天发呆,10年就成呆萌。你每天狂吃,10年就成胖子。

专业无它,专注而已。

自然界中，万物相连。土拨鼠从地洞里探出脑袋，你知道春天要来了；在一年的某段时间，鸟儿向某个方向迁徙。自然是一首交响乐，默默演奏，充满无穷造化。

人体是这首交响乐的另一个例证。一个细胞每秒要处理6万亿件事情，同时还得了解其他细胞在做什么。人体可以演奏音乐，杀死细菌，生孩子，背诵诗歌，观察星辰的运动……因为无限联系正是信息场的一个特征。

人类神经系统的神奇之处在于，它能通过有意识的意愿，掌控这种无穷的组织能力。人的意愿并不是固定或封闭在一个能力和信息结构里，它十分灵活。换句话说，只要不违背其他自然规律，你可以通过意愿命令自然法则来实现梦想和愿望。

你可以让拥有无穷组织能力的宇宙计算机为你服务。进入充满创造力的领域，引入你的意愿，联结万物，帮你实现。

[点评]

　　《秘密》一书中，谈到一个"吸引力"法则，指的是发生在我们身上的每一件事，无论是积极的还是消极的，都是我们自身的能量吸引来的。如果把思想聚焦在某个领域，跟这个领域相关的人、事、物就会被吸引过来。

　　这也叫向宇宙下订单，如果你知道自己想去

意愿是基础，自发、自由、毫不费力的纯粹潜力会将模糊变为现实。唯一需要注意的是，你的意愿必须是为全人类的福祉服务。如果你遵循成功的七大精神法则，自然就满足了这个前提。

意愿是欲望背后真正的力量。单是意愿本身就非常有力量，因为意愿是不执着于结果的欲望。欲望本身很软弱，因为大多数人的欲望是有所求的关注。意愿是严格遵循其他法则，尤其是不执着法则的欲望。不执着是成功的第六大精神法则。

不执着的意愿以生命为中心，是活在当下的意识。而当下意识引发的行动最为有效。你的意愿向着未来，而你的关注点在当下。只有关注当下，关于未来的意愿才能实现，因为未来是当下创造的。你必须接受现在，臣服于当下，面向未来。未来你可以通过不执着的意愿创造，但你永远不要抗拒当下。

过去、现在和未来都是意识的产物。过去是回忆与记忆，未来是预期，现在是意识。因此，哪里,全世界都会为你让路。

你在琢磨怎么把年度目标制订得更好,就会不经意间碰到有人在开制订年度目标方面的训练营;你想练出马甲线,就会遇到和你有着同样想法的伙伴,你们一拍即合,组成了相互激励和监督的小团体;你想提升演讲能力,聚会时和朋友提起,他就会给你推荐一个演讲俱乐部。

你只负责专注地表达意愿,老天自有安排。

时间就是思想的运动。过去和未来都源于想象，只有现在是真实和永恒的。正是当下，孕育了时空、物质和能量。它是充满可能性的永恒场域，是抽象的力量，不管它的表现是光、热、电、磁力，还是重力。这些力量不在过去，不在未来，而在现在。

我们对这些抽象力量的诠释，使我们体验到了具体的现象和形式。对诠释的记忆，创造了过去的体验，对抽象力量预期式的诠释创造了未来。它们都是意识的关注点。当意识从过去的负担中解放出来，当下的行为就成了创造未来的沃土。

植根于当下、不执着的自由之上的意愿，是催化剂，将物质、能量和时空事件正确融合，创造出你期望的一切。

如果你以生命为核心，保持当下觉知，那些想象中的困难——占实际困难的百分之九十以上——就会土崩瓦解。剩下百分之五到十的困难，将会在你专一的意愿之下转化为机会。

[点评]

在心理疾病领域，有两个典型病症：抑郁症和焦虑症。

患抑郁症的人，大多活在过去。过去的经历始终萦绕在他们的脑海里，挥之不去，走不出来，以至于郁郁寡欢。而有焦虑症的人，则是担心未来，为还没有到来的事情忧虑。

我总是建议大家，忘掉过去，纠结过去没有任何意义。过去，不过是我们头脑里基于现状，对过去发生的事情的诠释。

举例来说，你童年过得不是很幸福。如果你对自己的现状比较满意，你会怎么诠释过去？童专一的意愿是对目标始终如一的专注。专一的意愿是指紧紧盯住目标，不允许任何障碍消耗和转移你的注意力。排除意识中所有障碍，你以满腔热忱追求目标，同时保持止水般的宁静。

这就是不执着的意识和专一意愿相结合的力量。学会驾驭意愿的力量，你就能创造出任何想要的东西。

★ ★ ★ ★ ★ ★

当然，你还是可以通过努力和各种尝试达成结果，但那要付出代价。代价可能是压力、心脏病和免疫系统功能下降。如果遵照意愿法则，采用下面这五个步骤则会好得多。采用这五步来实现愿望，意愿自然会展现威力：

1. 保持静默。这意味着让自己进入思想和思想之间的缝隙，静默，沉入其中——那是你的本性所在。

2. 在本性状态下，释放你的意愿和期望。沉浸在静默空间里，你是没有思想、没有期望的，年的经历，炼就了我的坚韧，给了我向上的动力，才有了今天的成绩。

而如果你对现状不满意，你会怎么诠释过去？小时候的我，没人疼爱呵护，经受了诸多挫折，让我看透了人间冷暖，失去了对生活的热爱，才导致现在的庸庸碌碌。

关于焦虑症，典型的人群是一些爱子心切的妈妈。她们往往担心孩子期末考试成绩不好，进不了学校的实验班，将来考不上好的初中、高中乃至大学……于是她们会在孩子玩得正开心的时候，一遍遍变着法子地催促，该去做作业了。

其实，更好的方式是，和孩子约定好娱乐和学习的时间，告诉孩子在学习的时候认真地学，玩的时候就可以尽情地玩。孩子在学习的时候，家长也没必要时不时过去，不是送水，就是递水果。这会影响孩子对当下的专注，搞得孩子很烦，很焦虑。结果，玩也玩不好，学也学不好。

但在走出静默空间的时候——就在空间和思想缝隙中间——你提出意愿。**如果你有一系列目标，将它们写下来**，进入那个空间之前将意愿专注在它们身上。比如你希望事业成功，就带着这个意愿进入那个空间，然后这个意愿就会植入你的意识，在那里闪着微光。将意愿和期望在思想的空隙中释放出来，就是将它们播种进纯粹潜能的沃土，等着收获季节满载而归。你不用时不时挖出希望的种子看看它们是否在生长，也不用管它们怎么长。你播种就好。

3. 保持自我参照状态。这意味着保持真我觉知，与纯粹潜能场域进行联结。这也意味着不用外界的眼光看待自己，不被他人的意见和批评影响。有一种方式对保持自我参照状态有帮助，那就是将内心欲望留给自己，不和任何人分享，除非别人的愿望与你相同，并且你们关系紧密。

4. 不执着于结果。这意味着不执着于某个具体结果，乐于生活在不确定之中。这也意味着享

[点评]

　　写愿望清单是个好方法。我有很多朋友,每年都会写下当年的愿望清单,有的甚至写出毕生的愿望清单。

　　写下,并且将这些愿望记在心中,你的能量自然会专注在这些目标上。你会更容易遇到志同道合的人,帮你把这些想法一一实现。

受生命旅程的每一个当下时刻，即便你不知道结果会怎样。

  5. 让宇宙去处理细节。释放到静默空间的意愿和期望，拥有无穷的组织力量。相信意愿的组织能力，它会安排好所有细节。

  记住，你的真实本性充满灵性。无论去哪儿，请带着这份灵性觉知，淡然释放你的期望，宇宙会为你搞定一切。

[点评]

2012年,写博客是一件很流行的事情。我在新浪上写了一系列关于职场的文章,得到很多网友的喜欢,由此萌发了出书的想法。

这时,特别神奇的,一个网友给我介绍了一位朋友,就是新精英生涯规划的创始人、作家古典。

古典很欣赏我的文字,提出新精英正在和出版社合作,要出一套职场系列的图书,问我要不要加入。我毫不犹豫地答应了。

于是,顺理成章的,在2014年,我出版了自己的第一本书《职场基本功——把每一天,当作梦想的练习》。

从此,一发不可收拾,各种出版资源纷至沓来,我认识了很多编辑。

到2020年,我已经出版了五本书,还翻译了好几本著作,包括你现在正在读的这本《成功的七大精神法则》。

练习意愿法则

我决心通过以下方法,践行意愿法则:

1. 我将写下愿望清单。走到哪里都带着这份清单。在保持静默和冥想之前,看一下清单;每晚睡觉之前和早上醒来,也看一下。

2. 我会释放这份清单,把它交付给创造力的温床。相信事情不如所愿时,定有原因。宇宙为我设计的计划必定比我所想更为宏大。

3. 我会提醒自己,在所有的行动中保持对当下的觉知,决不让任何障碍影响我对当下的关注。我将臣服于当下,如其所是,通过我最深沉和最为真实的意愿,让未来到来。

这完全超乎了我的想象。真的是宇宙会为你搞定一切。

点评

心灵笔记

只有不执着,才能带来喜悦和欢笑。同时财富的符号
才会轻而易举地创造出来。

法则 6

不执着法则

The Law of Detachment

不执着中蕴含着不确定的智慧……

不确定的智慧中蕴含着不被过去和已知束缚的自由。

当愿意踏进未知、充满无限可能性的领域中,我们就将自己交付给创造精灵,它会协调整个宇宙与你共舞。

The Law of Detachment

人们不断寻求安全感,实际上安全感很短命。

就像栖息在同一棵树上的两只金色小鸟，自我和真我如同亲密的朋友，居住在同一个身体里。前者品尝生命之树结出的或甜或酸涩的果实，而后者在一旁，超然观望。

——《奥义书》

成功的第六个精神法则是不执着法则。意思是要想在物质世界得到任何东西，你必须不执着于它们。这不是说你要放弃意愿。你不必放弃意愿，也不必放弃渴望，你放弃的是对结果的执着。

这样做威力巨大。一旦你放弃对结果的执着，同时保持专注的意愿，你就会拥有渴望的东西。任何所想的东西都可以通过不执着实现，因为不执着是建立在对真我毫不怀疑的信念之上的。

一旦你放弃对结果的执着，同时保持专注的意愿，你就会拥有渴望的东西。

点评

相反，执着建基于恐惧和不安之上——对安全的需求源于对真我的无知。金钱、富足等物质世界的一切都源于真我。意识知道如何满足一切需求，其他的一切都是符号而已：车子、房子、银行存款、衣服、飞机，等等。符号转瞬即逝，来了又去。追逐符号就像睡在地图上，而不是用双足真正丈量土地。这只会带来焦虑，最终让你内心空虚。因为你用真我的符号代替了真我。

执着源于意识的贫穷，因为执着总是针对符号，而不执着是富有意识，因为不执着中有创造的自由。只有不执着才能带来喜悦和欢笑。同时财富的符号才会轻而易举地创造出来。执着其中，我们就成了囚徒，无助、无望、垂头丧气、忧心忡忡——这些是庸俗生活和贫穷意识的显著特征。

真正的富有意识，是在任何时候都能不费力地拥有任何所求的能力。想获得这种体验，你首先得具备拥抱不确定的智慧。在不确定中，你会发现创造一切的自由。

[点评]

执着往往源于佛教讲的"我执"。我执,大都和"我的"有关。

这个东西是我的:房子是我的,老公／老婆是我的,孩子是我的。我们也在职场追求"我的":那个职位应该是我的,那个荣誉应该是我的。

通过种种"我的",我们来满足占有欲和控制欲。通过种种符号,我们来填补内心的空虚,试图战胜恐惧。

而其实我们无法占有任何东西,一切都是短暂的所谓拥有。包括夫妻,即使都很长寿,也不过相依相伴几十年而已。包括孩子,他们只是经由你,来到这个世上,并不是你的私有物品。一般来说,你会比孩子更早离世,你走了,他们依然会正常工作和生活。他们,你所有的一切,不过都是符号。

很喜欢网络上曾经流传的一张照片:夜晚,美国的一个四口之家,夫妻加上一双儿女,都穿人们不断寻求安全感，实际上安全感很短命。对金钱的执着就是不安的表现，你可能会说："要是有几百万美金，我就安全了。那会儿财务自由，我就退休了，就可以做自己想做的任何事了。"但是，这种事情没有发生过——从来没有。那些追求安全感的人，终其一生都不会找到。那种安全感依然短暂，转瞬即逝，因为安全感绝不仅仅来自金钱。执着于金钱只会带来不安，无论银行账户里有多少钱。事实上，有些很有钱的人反倒感觉最不安。

你所追求的安全只是一种幻觉。在古老的传统智慧中，解决这一矛盾的方法恰恰在不安的智慧，或者说不确定的智慧之中。也就是说，追求安全和确定实际是对已知的执着。那什么是已知？已知是过去。已知不过是过去各种条件构成的牢笼而已。过去不会进化——完全不会。没有进化，就会走向停滞，出现无序和腐朽。

相反，不确定性是纯粹潜能和自由的乐土。

着睡衣,站在镜头前。面容疲惫,略带惊慌,同时,泛起微微笑容。

身后,是他们家的房子,正燃烧着熊熊火焰。

这是对那些所谓的"我的"很达观的态度。

万事不用慌,先拍照发个朋友圈。

哈哈哈。

[点评]

不确定,是多么好玩的事情。如果每件事情

不确定意味着当下的每一刻都走向未知。未知是所有可能性的基础，永远活力四射，拥抱所有新鲜事物。没有了不确定和未知，生活就变成了日复一日苍白的重复。你成为昨天的受害者，而你今天的痛苦是过去的自己施加的。

放下对已知的执着，拥抱未知，你就走进了存在无限可能性的场域。愿意踏进未知，你就拥有了智慧——认为生命是无常的，充满不确定性。这意味着，生命中的每一刻都充满兴奋、冒险和神秘。你会体验到生命的乐趣——神奇、辉煌、欢愉和灵魂的升华。

每天，你都可以在无限可能性的场域中找到惊喜。感到不确定，说明你步入了正轨——所以别放弃。你不需要对下一周或者明年有完整和严格的计划，因为如果非常清楚地知道会发生什么，你就会执着于此，从而阻断了一切可能性。

无限可能性场域的一个特征，就是万物互联。这个场域能组合无穷的时空事件，从而产生我们都一帆风顺、心想事成，就没有意思了。

这就像你追求一个女生，非常笃定一定会得到她，那就没劲了。恰恰是追求的过程，有希望，但又不确定她会不会和你在一起，才让你悸动，才让你心跳，才让你辗转反侧。

生命亦如此。如果人生像小肥羊的羊、肯德基的鸡一样，生来就为了死，一眼就看到了头，那多没劲啊。

波澜壮阔，起伏不定，充满未知，才是生命的真相，快乐的源泉。

想要的结果。但如果你太执着，你的意愿就陷入僵化框架中，失去了该场域的流动性、灵活性和自发性，从而干扰了整个创造过程。

不执着法则和设定目标的意愿法则并不相悖。你依然可以朝着某个方向出发，依然可以心怀目标。然而，在A点和B点之间，有无限的可能性。

拥抱不确定，如果发现更高理想，或者更令你兴奋的事情，你可以在任何时候改变方向。你也不会太纠结于找到解决问题的方法，从而对各种机会保持敏感。

不执着法则加速了整个进化过程。理解了这个法则，你就不会强迫性解决问题。强制解决问题，只会创造新问题。而当你把焦点放在不确定上，等着答案从混乱和困惑中出现，结果往往令人难以置信。

这种警觉状态——在当下和不确定场域里的准备状态——与你的目标和意愿协同，能够让你抓住机会。何为机会？它隐藏在你遇到的每一个

[点评]

这个法则，也可以和第四个法则"最省力法则"结合在一起。

最省力法则告诉我们，要接纳，承担责任，不设防。我们朝着某个方向出发，但不执着于路径和方法，接纳发生的一切事情，对任何人和观点不设防，拥抱一切可能性。

我很喜欢一本书，叫《幸福的方法》，作者是泰勒·本·沙哈尔。他在书中提出了幸福的公式：幸福＝快乐＋意义。快乐就是做事的过程要快乐，意义是指达成的目标有意义。

如果只专注结果的达成，难免汲源于功利，享受不到过程的快乐。这样的幸福，是残缺的。

问题当中。每一个问题都是机遇的种子，蕴含着更大收益。一旦具有这种观念，你就对各种机遇开放包容，而神秘、惊喜、兴奋、冒险都将变成现实。

你可以把生命中的所有难题视为获得更大收益的机会。植根于不确定的智慧之上，对机会保持警觉。当准备遇到良机，答案自然出现。

这种情况常常被称为"运气好"。好运其实就是准备遇到了良机。二者结合出现的结果对你和相关的人都大有裨益。这是成功的完美处方，基础就是不执着法则。

[点评]

我自己的经历正是这句话的写照。

我虽然大学本科是英文专业,但上学期间没怎么学习,毕业时连专业四级都没过。好在是学校英语专业第一届学生,规定不严,我才勉强毕业。

毕业后进了外企工作,认识到英文的重要性,我开始恶补英语。每天至少花半小时学英语。上班路上用MP3听英文节目,边听边小声跟读。到了公司,拿着英文报纸,"21世纪"或者"China Daily",在走廊里大声朗读。

功夫不负有心人,经过日久天长的累积,我的听力和口语都有了显著提高。

练习不执着法则

我决心通过以下方法,践行不执着法则:

1. 今天我承诺,不执着。我会让自己和周围的人自在。我不会固执己见,不会强制性地解决问题,那样只会创造新问题。我将以不执着的态度面对每一件事。

2. 今天我将拥抱和体验不确定性。愿意接纳不确定,答案就会从问题、困惑、无序和混乱中自然浮现。事情越不确定,我越感觉安全,因为不确定是通往自由之路。经由不确定,或者说无常的智慧,我会获得安全感。

3. 我将踏进无限可能场域,对无穷的选择保持开放,期待令人兴奋的事情出现。当我进入无限可能的领域,我将体验到生命中的乐趣、冒险、神奇和秘密。

2007年，机会来了。我所在的公司是法企，在全世界有四十几家分公司。当时总公司决定在巴黎举办一个大会，由每家分公司委派一个代表做十分钟英文演讲，讲述自己公司做的一个项目，争夺最佳实践奖。

中国分公司的代表是我。我做好PPT，反复练习，在第一轮比拼中，顺利入围前十。最后一天的决赛中，当着台下300多名来自世界各地的同事，我们十位选手依次登场。我一举战胜了其他9位母语为英文的选手，拿到了冠军。

那是我终生难忘的职场高光时刻。回到中国之后不久，我就升职加薪了。

对我而言，那次巴黎之行的确是一次良机。而正是由于我之前不懈的努力，才让良机转化为了好运。

人生真正的遗憾，不是没有机会，而是机会来了，你却没有准备好。

点评

心灵笔记

真正的富有意识,是在任何时候都能不费力地拥有任何所求的能力。

来到世间的每个人,都是为了发现更高的自我、灵性的自我。

法则 7

使命法则

*The Law of "Dharma"
or Purpose in Life*

每个人都有使命……
有独特的天赋或特殊才能奉献给他人。

当我们运用独特天赋服务他人时,就会体验到灵魂的升华和喜悦。
这是凌驾于一切目标之上的终极目标。

*The Law of "Dharma"
or Purpose in Life*

当你把施展独特天赋的能力与服务人类相结合，你就充分运用了使命法则。

工作的时候,你如一支长笛,从心中吹出时光的漫语,化为音符。……何为带着爱工作?就是从心底抽出丝线,做成纱衣,仿佛你的爱侣将要穿上它……

——纪伯伦《先知》

成功的第七个精神法则是使命法则。使命(Dharma)是梵语,意思是"生命的目的"。使命法则说,我们的身体是为了实现某个使命而存在的。纯粹潜能场域本质是神性的,神性引领肉身实现目标。

根据这个法则,你有独特的天赋,呈现方式也独一无二。有些事情,你比世界上任何人都做得好;同时,世界上也存在独一无二的需要。当你呈现出来的天赋和这些需求吻合,富足的火花

我们的身体是为了实现某个使命而存在的。

点评

就闪现出来。你的天赋能满足需求，就会创造无尽的财富和富足。

如果你能用这个想法启蒙孩子，就会看到对他们的生命产生的影响。实际上，我就是这样做的。我不厌其烦地告诉我的孩子们，他们之所以来到这个世界上，是有原因的，他们必须自己找出这个原因。他们四岁的时候，我就开始讲这个道理。也是在那么大时，我教他们冥想。我告诉他们："我从不希望你们为生存担忧。如果长大后不能养活自己，我会帮助你们，所以别担心那个。我不想你们在学校表现得多优秀，你们不用一门心思考好成绩，或者去最好的大学。我真正希望你们聚焦的是，问问自己，如何服务全人类；问问自己有什么独特的才能。因为你有他人没有的独特天赋，和自己表现天赋的独特方式。"后来，他们上了最好的学校，得了最高的分数，甚至在大学期间，他们财务上就能自给自足了，因为他们聚焦在如何用天赋服务社会。这就是使命法则。

你有他人没有的独特天赋,和自己表现天赋的独特方式。

点评

使命法则包括三个组成部分。第一部分是,我们每个人存在的目的都是发现真我,靠自己去发现。真我是精神的、灵性的,本质上是以物质形式(肉身)体现精神存在。我们不是偶尔有精神体验的人类;恰恰相反,我们是偶尔有人类体验的精神存在。

来到世间的每个人,都是为了发现更高的自我、灵性的自我。这是使命法则的第一步,我们必须找出内在的神性。它尚处胚胎,蠢蠢欲动。

使命法则的第二部分是<mark>表现我们的独特天赋</mark>。使命法则说,每个人都有独特的天赋,表现方式也独一无二。星球上没有人有这样的天赋,也不会这样表现。这意味着,总有一件事情你能做,以某种方式做,比世界上所有人都做得好。当你做这件事的时候,你会忘记时间。当你展现出那种独特天赋——很多时候不止一项天赋——你会进入没有时间感的意识状态。

使命法则的第三个组成部分是服务人类——

[点评]

怎样才能发现自己的独特天赋？这里推荐两个途径。

第一，发掘自己擅长做什么事情。可以在网上搜一下"霍兰德职业兴趣测试"。霍兰德是美国职业生涯研究专家，他提出了一个理论，认为每个人都有其独特兴趣与能力，每种职业也有其独特要求，如果个人兴趣与能力和职业要求相匹配，其职业满意度和幸福感就会比较高。经过测试，你就能知道自己感兴趣的职业有哪些。

服务你的同类。问问自己，"我怎样才能帮到别人？怎样才能帮到所有我接触的人？"当你把施展独特天赋的能力与服务人类相结合，你就充分运用了 使命法则。伴有自己独特的灵性体验，再与纯粹潜能场域联结，你想不达到无穷富足境界都不行。因为这就是实现富足的真正途径。

这不是短暂的富足，它久远恒长。因为你独特的天赋和表达方式与人类福祉结合在一起了。你是通过问"我怎么才能帮到别人？"，而不是通过问"我能得到什么？"，发现了这个贡献方式。

"我能得到什么？"这个问题，是小我的内在对话。而"我怎么才能帮到别人？"是灵性的内心对白。只需将内在对话从"我能得到什么？"转化为"我怎么才能帮到别人？"，你就会自动超越小我，进入灵性疆域。而冥想是进入灵性疆域最好用的方式，冥想可以与灵性联结，体验到宇宙的统一性。

第二，发掘自己独特的优势。推荐购买一本书，《盖洛普优势识别器2.0》，书中总结了34个天赋优势，归属于四大类：战略、关系建立、影响力、执行。买书之后，根据内封上的密码，登陆盖洛普公司网站进行测试，之后你会收到一份报告，给出你的天赋优势排名。看看自己排在前五的优势主要分布在哪个大类里，你就会明白自己更擅长做哪方面事情。比如我排在前五名的优势分别是：完美、积极、前瞻、思维、理念。其中前瞻、思维、理念都属于战略范畴，而没有一个属于执行范畴，可见我比较擅长做战略规划，但执行力很差。

★ ★ ★ ★ ★ ★

如果你想最大化运用使命法则,你需要做出如下承诺:

第一项承诺:我将通过精神练习,超越小我,寻找更高的自我,即真我。

第二项承诺:我将挖掘自己的独特天赋,找到之后,充分享受天赋。因为进入无时间感意识状态中,是很享受的。那时,我达到了极乐。

第三项承诺:我将自问,如何才能最好地服务人类。得到答案之后,付诸实践。我会运用自己的独特天赋满足他人所需。我会将帮助、服务他人的意愿,与他人所需结合起来。

坐下来,问问自己以下两个问题,并记录答案。询问自己:如果钱不是问题,你拥有世界上所有时间和金钱,你会做什么?如果还愿意做当前所做的事情,那你就处于使命之中,因为你对所做之事充满热情,你在展现自己的独特天赋。

接下来询问自己:我如何才能最好地服务全人

[点评]

这就是心理学上所称的"心流"状态。当一个人专注在自己喜欢并且擅长的事务中,往往就会进入这个状态。这时他们高度集中注意力,忘记了时间的流逝,也能获得更多的新想法和新创意。

类？回答，并付诸实践。

发现内在神性，找到独特天赋，用它服务人类，你就可以创造所需的一切财富。当你的独特创造性满足了他人所需，财富自然会从未明之处显化出来，从精神领域转化到有形世界。你将开始体验到神性的奇迹——不是偶尔，而是一直。你将知晓何为真正的快乐，以及成功的真意——精神上的喜悦和升华。

[点评]

在我很喜欢的《高效能人士的七个习惯》这本书里,作者史蒂芬·柯维博士提到了"个人使命宣言"这个概念。个人使命宣言,就是把自己的人生使命书写或者描绘出来,指导自己的人生。关于使命宣言,读者朋友们可以自行搜索一下,网上有很多内容。

如何找到自己的人生使命?可以扪心自问:"我可以为别人做些什么?""我怎样才能帮到别人?"也可以问自己以下问题:

- 当/做什么时候,我感觉最棒?
- 当/做什么时候,我感觉最糟糕?
- 工作上,我最喜欢干什么?
- 生活方面,我最喜欢干什么?
- 我比较强的能力有哪些?
- 如果金钱、时间、资源都没有限制,我会选择做什么?
- 我的生活目标有哪些?

练习使命法则

我决心通过以下方法,践行使命法则:

1. 今天我将用心呵护灵魂深处神性的胚胎。我将关注激发肉体和思想的内在精神。我将唤醒内心深处的宁静,带着永恒的意识之光,穿行在受时间限制的各种体验之中。

2. 我将列出自己的独特天赋清单,以及所有能够展现我的天赋、我爱做的事情。当我展现天赋,将之用于服务他人的时候,我就没有了时间的概念,在为自己和别人的生活创造丰盛。

3. 每天我都问自己,"我可以为别人做些什么?"以及"我怎么才能帮到别人?"这两个问题的答案会让我帮助和服务他人,带着爱。

- 我想成为怎样的人?
- 对他人而言,未来我能做出的最重要贡献是什么?
- 有没有哪些事,是我一直觉得应该做的,即便已经错过了很多次机会?
- 到现在为止,对我影响最深的人有哪些?他们身上最重要的品质是什么?

心灵笔记

我将唤醒内心深处的宁静,带着永恒的意识之光,穿行在受时间限制的各种体验之中。

. . . .

结语

> 我想知道上帝的想法……其余都是细枝末节。
>
> ——阿尔伯特·爱因斯坦

宇宙以优雅的精准和专注的智慧导演着亿万星球上发生的一切事情。它卓越超绝的智慧,渗透到每一个存在的纤维之中:从最小到最大,从原子到宇宙。每一个生命都是这种智慧的鲜活表达,而这种智慧通过七大精神法则来运作。

研究一下人体细胞,你就会看到这些法则是如何工作的了。每一个细胞,无论是胃细胞、心脏细胞,还是大脑细胞,都诞生于纯粹潜能法则。DNA 是纯粹潜能的完美例证,事实上,它是纯粹潜能的物质表现。同样的 DNA 在不同的细胞中表现方式不同,以满足特定细胞的独特需求。

每个细胞同样通过给予法则工作。在平衡状态下,细胞才能鲜活健康。平衡状态完满和谐,但必须经由不断地给予和接受才能维持。每个细胞都给予和支持其他细胞,同时被其他所有细胞滋养。细胞永远保持流动状态,从未停歇。实际上,流动是每个细胞生命本质所在。只有不断地给予,细胞才有能力接受,流动让细胞生生不息。

业力法则也被细胞完美执行,这种智慧使细胞能够对出现的每种情境做出最合适、最精准的反应。

人体内的每个细胞,同样贯彻最省力法则。它们在静止状态下保持警醒,高效地完成工作。

通过意愿法则,细胞的意愿掌控着自然智慧的无穷组织能力。即使是糖分子代谢这样的简单意愿,也会在身体里谱写一首交响乐。精确数量的荷尔蒙,在精准的时间点分泌出来,将糖分子转化为纯粹的创造能量。

当然,每个细胞都体现出不执着法则。它

对意愿期待的结果不执着，它不犹豫、不踌躇，因为它的行为是在以生命为中心的当下觉知中做出的。

细胞们同样展现了使命法则。每个细胞必须找到自己的本源，更高的自我；必须呈现出自己的天赋，为机体提供服务。心脏细胞、胃细胞，以及免疫细胞都有更高的源头，就是纯粹潜能场域。因为直接与这台宇宙计算机相连，它们可以在无时间概念的意识中，轻松地展现独特天赋。只有表现出独特天赋，它们才得以保持自己和整个身体的完整性。

人体里每个细胞的内在对话，都是"我怎样才能帮上忙？"心脏细胞想帮助免疫细胞，免疫细胞想帮助胃和肺细胞，而脑细胞一边倾听，一边帮助其他所有细胞。人体的每个细胞只有一个功能：帮助其他每个细胞。

通过人体细胞的行为，我们可以观察到七大精神法则最明显、最突出的表现。这是自然智慧的恩赐,是神的思想;其他都是细枝末节。

七大精神法则威力无穷,可以让你实现自我主宰。如果关注这些法则,按照本书列出的步骤实践,你将得到所有想要的东西——富有、金钱和成功。你也会发现,自己在生活的方方面面都更快乐和感到满足。因为这些精神法则也是让生活变得更有意义的法则。

在生活中践行这些法则有一个自然的顺序,这有助于你记忆。通过静默、冥想、不评判、与大自然交流,你可以体验到纯粹潜能(真我)法则。而给予法则可以激发潜能,原则就是学会给予你所追求的东西。如果追求财富,就付出财富;如果追求金钱,就付出金钱;如果追求爱、赞赏和感情,那就学会给予爱、赞赏和感情。

通过给予法则的行动,你激活了业力法则。你创造了善业,而善业让生活中所有事情都轻而易举。你会发现用不着太辛苦就能达成所愿,你自然就了解了最省力法则。当轻松自在、万事顺遂，你自然就会了解意愿法则。不费力就能心想事成，你就更容易践行不执着法则了。

最后，理解了以上法则，你开始专注于生命的真实意图，这就带你进入使命法则。运用使命法则，将独一无二的天赋用来满足他人所需，你就能在任何时候，创造出自己想要的一切。你变得无忧无虑、满心欢喜，你的生命将成为爱的盛宴。

我们是宇宙的旅行家，在浩瀚苍穹和凡尘俗世中漂泊、周旋和舞蹈。生命是永恒的，但它的表现形式弹指间稍纵即逝。佛教的创始人释迦牟尼曾经说过：

存在如秋云，短暂飘忽

生死如舞步，瞬间挪移

生命就像空中闪电

又像山涧，奔泻而下，一去不返

我们都是稍作停留的过客，邂逅，结识，相

爱和分享。这是弥足珍贵的瞬间，但转瞬即逝，是永恒乐章中的一段插曲。

如果我们相互关怀，待之以爱，那么这一刻就是值得的。

关于作者

迪帕克·乔普拉,身心医疗和人类潜能领域世界闻名的先行者。

他是《纽约时报》畅销书作家,出版了大量图书和音频作品,主题涉及思想、身体和灵性多个方面。

他的图书被翻译成超过 50 种语言。他也遍历世界各地,推广和平、健康和幸福思想。

乔普拉同时还是乔普拉中心的创始人和执行总裁,该中心位于加利福尼亚州圣迭戈市拉科斯塔温泉度假酒店。

乔普拉基金会邀请函

如果你被本书所提及的法则激励，认为世界性难题可以经由更高的意识解决，那我们诚挚邀请你成为乔普拉基金会所办活动的积极参与者。

乔普拉基金会致力于提升健康和幸福，培育和拓展灵性思维，推动人类家园的和平。我们以非二元对立思想作为基础，用科学、实验性手段疗愈来访者，带来内心宁静。我们用这些方式，提升来访者的健康、领导力，促进商业合作，解决冲突。

我们梦想中的世界如下：人人都明了自己是宇宙灵性的外在表达，人人都充满爱活着。

我们承诺，在个人和社区播下宁静的种子，让每个人珍惜活着的每个瞬间，过好当下。

欲了解乔普拉基金会更多信息，请访问 www.choprafoundation.org，或者发邮件至：foundation@chpra.com。

《成功的七大精神法则》，精髓源于《创造丰盛：万有领域的财富意识》一书。在这本精彩的书中，迪帕克·乔普拉探索了财富意识的真正含义，列举了一系列简单步骤。将这些步骤融入日常行为中，我们就能自然而然获得所有形式的财富。《创造丰盛》一书值得伴你一生，可以反复阅读和参考。

安贝－艾伦出版社和新世界图书集团亦出品了以下音频作品：

《成功的七大精神法则》

《创造丰盛》

《逃离智力陷阱》

《圣诗：用声音治愈》第一和第二卷

《活出奇迹》（与维纳·戴尔合著）

《人生无极限》（与维纳·戴尔合著）

《圣人再现》

欲获取迪帕克·乔普拉全部作品名单,请访问 www.deepakchopra.com。

黑版贸审字 08-2021-016 号

图书在版编目（CIP）数据

成功的七大精神法则 /（美）迪帕克·乔普拉（Deepak Chopra）著；王鹏程译；林帝浣摄影. — 哈尔滨：哈尔滨出版社，2021.11
 ISBN 978-7-5484-6153-1

Ⅰ.①成… Ⅱ.①迪… ②王… ③林… Ⅲ.①成功心理 - 通俗读物 Ⅳ.①B848.4-49

中国版本图书馆CIP数据核字（2021）第156759号

The Seven Spiritual Laws of Success: A Practical Guide to the Fulfillment of Your Dreams, Copyright ©1994 by Deepak Chopra. Original English language publication co-published by Amber-Allen Publishing, San Rafael, California, and New World Library, Novato, California. Chinese (simplified) translation Copyright ©2020 by Genesis Publishing Co. ltd. All rights reserved.

书　　名：成功的七大精神法则
CHENGGONG DE QI DA JINGSHEN FAZE

作　　者：［美］迪帕克·乔普拉　著　王鹏程　译　林帝浣　摄影
责任编辑：刘　丹
责任审校：李　战
封面设计：林　丽

出版发行：哈尔滨出版社（Harbin Publishing House）
社　　址：哈尔滨市香坊区泰山路82-9号　　邮编：150090
经　　销：全国新华书店
印　　刷：天津行知印刷有限公司
网　　址：www.hrbcbs.com　　www.mifengniao.com
E-mail：hrbcbs@yeah.net

编辑版权热线：（0451）87900271　87900272

开　　本：787mm×1092mm　1/32　印张：6　字数：69千字
版　　次：2021年11月第1版
印　　次：2021年11月第1次印刷
书　　号：ISBN 978-7-5484-6153-1
定　　价：55.00元

凡购本社图书发现印装错误，请与本社印制部联系调换。
服务热线：（0451）87900279